This Book Belongs To:

_____

HOW TO PLAY

Sudoku is 9x9 (classic, adult version), or 4x4 and 6x6 (kids/warm-up versions) grid puzzle game.

In the adult version, the objective is to fill the 9×9 grid with digits so that each column, each row, and each of the nine 3×3 subgrids that compose the grid (also called "boxes", "blocks", or "regions") contain all of the digits from 1 to 9.

You are provided a partially completed puzzle to complete, with a single solution.

In the adult version, 4 difficulty levels can be found, Easy, Intermediate, Hard and Insane.

Warm Up

WARM UP - 1

2			1		5
	1	4		2	
3			4	6	
6	4	1			2
	3			5	4
	5	2	6	1	

WARM UP - 2

	1	3		5	
6			4	3	
2	4	6			5
	5		2		6
	3	2	1	6	
1		4			3

WARM UP - 3

4		3		2	
1	2			4	5
5		1	4		
	3			5	1
6	4		5		
		5	2	6	4

WARM UP - 4

	4			6	5
5	6		1		
		5	4	2	3
2		4		5	
3	2			1	4
4		1	2		

WARM UP - 5

	5	2		1	
1			3		5
	6		5	3	2
2	3	5			4
5			6	4	
6		4			3

WARM UP - 6

	5		1	6	
1	3				4
		4	6	2	
2		5		4	
5	2			1	6
	4	1	5		2

WARM UP - 7

3	6	5	4		
4				3	6
5		1		6	
	2		1	5	4
	3			2	5
		6	3		1

WARM UP - 8

5			1	3	6
3		6	2		
	4	1			3
	3	5		1	
1	6		3	5	
	5		6		1

WARM UP - 9

6	4	5		3	
	1	2	6		4
2				4	5
	5		3		6
5	2			1	
		1	5	6	

WARM UP - 10

4			1		2
1		6		3	
	6	4		2	1
	3		6	5	
	4	2		1	6
6	1		2		

WARM UP - 11

2			4	6	5
	6	4			1
3			1	4	
1		2			3
	3	5	2	1	
	2		5		6

WARM UP - 12

2		3			5
	1	5	6	2	
	3		5		4
6			2	3	1
	2	1			6
5			3	1	

WARM UP - 1 (Solution)

2	6	3	1	4	5
5	1	4	3	2	6
3	2	5	4	6	1
6	4	1	5	3	2
1	3	6	2	5	4
4	5	2	6	1	3

WARM UP - 2 (Solution)

4	1	3	6	5	2
6	2	5	4	3	1
2	4	6	3	1	5
3	5	1	2	4	6
5	3	2	1	6	4
1	6	4	5	2	3

WARM UP - 3 (Solution)

4	5	3	1	2	6
1	2	6	3	4	5
5	6	1	4	3	2
2	3	4	6	5	1
6	4	2	5	1	3
3	1	5	2	6	4

WARM UP - 4 (Solution)

1	4	2	3	6	5
5	6	3	1	4	2
6	1	5	4	2	3
2	3	4	6	5	1
3	2	6	5	1	4
4	5	1	2	3	6

WARM UP - 5 (Solution)

3	5	2	4	1	6
1	4	6	3	2	5
4	6	1	5	3	2
2	3	5	1	6	4
5	2	3	6	4	1
6	1	4	2	5	3

WARM UP - 6 (Solution)

4	5	2	1	6	3
1	3	6	2	5	4
3	1	4	6	2	5
2	6	5	3	4	1
5	2	3	4	1	6
6	4	1	5	3	2

WARM UP - 7 (Solution)

3	6	5	4	1	2
4	1	2	5	3	6
5	4	1	2	6	3
6	2	3	1	5	4
1	3	4	6	2	5
2	5	6	3	4	1

WARM UP - 8 (Solution)

5	2	4	1	3	6
3	1	6	2	4	5
2	4	1	5	6	3
6	3	5	4	1	2
1	6	2	3	5	4
4	5	3	6	2	1

WARM UP - 9 (Solution)

6	4	5	2	3	1
3	1	2	6	5	4
2	6	3	1	4	5
1	5	4	3	2	6
5	2	6	4	1	3
4	3	1	5	6	2

WARM UP - 10 (Solution)

4	5	3	1	6	2
1	2	6	4	3	5
5	6	4	3	2	1
2	3	1	6	5	4
3	4	2	5	1	6
6	1	5	2	4	3

WARM UP - 11 (Solution)

2	1	3	4	6	5
5	6	4	3	2	1
3	5	6	1	4	2
1	4	2	6	5	3
6	3	5	2	1	4
4	2	1	5	3	6

WARM UP - 12 (Solution)

2	6	3	1	4	5
4	1	5	6	2	3
1	3	2	5	6	4
6	5	4	2	3	1
3	2	1	4	5	6
5	4	6	3	1	2

Easy

EASY - 1

8				9	3	2		
6	3	4		2		7	9	8
1	9	2					5	6
4		9	8	6		5	2	
2	8	7	9					
3	5	6	4	1	2	8	7	9
7	4	8		5			3	2
		1	3	8	6		4	
			2			1		

EASY - 2

	3	7		8	5	1		
		4	2				8	9
8	5		4					
	8	1	6	9	4			3
	9	3	7	2	8		6	
4		6			1	7	9	
	7			5	2	6		4
3		2	8	6	7		1	
1	6	5		4	9	8	2	7

EASY - 3

Easy

	2		7	4		5	9	8
	4		2	5		6	7	
			9		6	4	3	2
6	1		3		7			5
		2	5	8		9	1	
5		4	6	2		3		
4	5		1	6	9			3
	6	1	4	3	2		5	9
		9	8			1		4

EASY - 4

Easy

2	3				1	6		
7	6	5	2	4		8	1	9
8	9	1	7			2	3	
4		3	9	7	5		2	6
1			4			5		
6	5	9	3	1	2	7	4	
3	2	7	6	8				1
				2	4	3	8	
			1		7			

EASY - 5

1			2	6		9	4	5
9		7	8	4	1	6	3	2
6			9			1	8	
8	7		3	9	4		2	
	6	3			2		7	
2	9		6			4	1	3
7			1	3			6	
3		6		2		7	5	1
	1		7			3	9	4

EASY - 6

6	4			7		2	8	
	7	5		4	8	3	1	6
1	8			3	6			
3	2	4		9		7		1
	6		3	1		4		
7		8	4	6	2			3
8	3	1		2	4			5
		6			3	8	4	7
	5	7		8	9			2

EASY - 7

7		1	3	6		4	5	
5	9	4		7		3		
3	6		5		4	7		9
9		5		4		6		8
6	1	3		2			4	7
4	7		9	3	6	1		
8	5		4	9		2	1	
	3	9		5				
1	4	6			2	5	9	

EASY - 8

6			4	8	9			1
2	1		3			4	9	
9	4		1	5	2		3	6
7	2	4	9		3	1	8	5
3	5		8	1				
	8				5		6	4
8	9		6		7		4	
5	3		2		8	6		9
	6				1		7	3

EASY - 9

8		9			6	2		1
	6	2			7		3	
1		4	2	8	9		5	
6	2		9		5	7		4
3		7	1	6	4	5		
4			7			9	6	
7		5			1	3	9	2
		6	8		3		7	5
9	1		5		2	4	8	

EASY - 10

9	7		5	4	1	8		
	4			2	6		7	1
	6	1	3	8		2		9
4	9		8	6	3	7	1	
1	3			7	4			5
	8				9	4	3	
7		4				3		8
8	1	3	7		5			
6	2	9	4				5	7

EASY - 11

Easy

	4	7			6		5	
2	5	6		7	9		4	
1	9	3			2		6	7
		5	6	9	8	3	1	
4	8		1					2
3	6	1	4		7		8	
	3	4	7		1		2	8
5	1		2				9	
6	7	2	9			4	3	

EASY - 12

Easy

7	1	2	9	3		8	5	6
4		8		6	5	1		2
6	3		8	1	2	7		
	7	3		8				
			1		3	2	7	
		4		5	7	3	9	1
	2		4		6	5	1	
3	4	6		2	1		8	7
	5		3				2	

EASY - 13

Easy

1	7		5	9	2	3	8	
			3	4	6			
2	6		7		8		5	9
	8		4		5	1		
6			8	7	3			5
4	3		9	2			7	8
	5	7			4	9	2	
3	4	1		8	9		6	
9	2		1	5		8	3	

EASY - 14

Easy

6		7		3	1		2	8
	1		4	7				5
4				6	2	3	7	1
3		8	7		5	2		
5	2	4	1	8	9		3	6
	9	1		2	3		8	4
8		6	3					2
9		2		1	7			3
1				9	6		4	

EASY - 15

	1	8	2	9	6	5	3	
		9	3	7	5	1		8
5	7	3		1		9		6
7							6	5
6	9	4		8		3	7	1
3	8		7	6	1	4	9	2
	4	6		2	9	7		3
8	3		6		4			
						6		

EASY - 16

6	8				1	7		
			9	2		8	6	5
	5		6	8		2	4	
8	6		5	7	2	3		4
	7	9	8	6	4		1	2
2			3	1		6		
4		8		3		9	2	6
	9	3	2	4			8	
			1	9		4	5	3

EASY - 17

Easy

2	4	1	9				5	8
				4	6			
		7		1		4	3	
1	2		4		5			6
5		9	6			2	4	3
		4		9		8		5
	3	8	1	5				
4	5	2	7		9	3	8	1
7	1	6	3	2	8	5	9	4

EASY - 18

Easy

	8			2	1		9	
	6	2	5		3			8
	3	1		6			7	5
2			7	3		8	1	
8		3		1		7	5	4
	1		8				3	2
6		5		4		3	8	9
	7	9	6	8	5	4		1
1	4	8	3		2		6	

EASY - 19

5		6	9	1	7	3	2	8
3		9		5	4			6
1		8	2	3	6		4	
			6	4		5		7
4		5		9				2
7		2				4	9	3
		7	3		9	2	5	4
6	5		1					9
2	9		4	7	5	8	6	

EASY - 20

	9	7	2				4	3
		3	6		4		1	2
2					5	6		
9	6	1	3		7	8	5	
7		2		4	8		9	6
8	4		1	6		2	3	
3	2	8	9			4		1
1			4		2	3	6	8
		6			3	9	2	

EASY - 21

	7						5	2
				7	2	6		9
		3		1		4	8	
4	9	6			7	2	1	
7	5	8	3		1		6	4
3	1	2		9		8		
6		5	1	4	9	7	2	8
	4	7	2		3			
1	2	9	7	5		3		6

EASY - 22

2	9			1	5	4	3	6
	7	3	2	6				8
6		5	8	9		1	7	
7				5	2			
5				7	6	2	8	
9		2					1	5
8		6	4	3	7	5	9	
3	1	7	5		9			
4	5	9	6	8		3		

EASY - 23

		4	3	2	8	5	9	6
	9	8	7	4	5			
2	5	3	6	9	1	8	4	7
9	2	1	8	5		4		
				3	7	1	2	9
	4							8
7		5				9	8	
8	6	9	5	7		3		4
4	1	2		8				

EASY - 24

	4	8	3			1		6
9	3		1	4				5
1		7	6	5	8		4	3
8	9	2	7	1	3		6	4
6					4	7		8
		1	8		5		3	
				3			5	7
7			5	9	6	3	8	2
				8	7	4	9	1

EASY - 25

			2	6		5		7
8	5			3			4	
2		4	8					
		2	6	9	8	7		5
	8	1	3	7	5		2	
5		9		1			6	8
	1					9	3	2
7	3	6		2	1	8	5	
9	2	8	5	4	3	6	7	1

EASY - 26

	4	1	3	6		5	2	
	5		1		4	6	8	3
3		6	2	5			9	4
1		7	8	2	9		4	
8				4	5			
5			7		1	9	6	
					6		7	9
	7	9	5	8	2	4	3	1
4	1	8	9		3			

EASY - 27

1					3	4			6
3	4	2	8	6	5	1		7
8	5			9	1	3	4	2
6		3		7		5	1	9
5		9		2	6			
7			1	5		6	2	
2		5	9		7	4		1
	6	1	5	4				8
4	7	8				9		5

EASY - 28

3		2				6	4	
7	1	4		2	6			5
6	5					1	2	8
	9				1	5		
5	2			4	9		1	3
8	7		6		3	2		
	4		5		2		6	1
1	6	5		9		3	8	2
2	3	7	1	6	8			9

Easy

8	4				5	3	2	7
6		1		8		9	4	5
5	7	3	4	2	9			6
3	6			4			1	9
9	8	2		5	7	6	3	4
	5				6	8		
7		6	9	3		4		
				6	4			
	9	5	8		1		6	3

EASY - 30

Easy

6	9		5			7	4	
	1		6	9	7	8		2
		5	8		4		6	9
5	8	9					1	
4	7		9	1	5		3	
		6			8		9	7
	4		1			3	2	6
9			3	7	2		8	5
2		3	4	8	6	9	7	1

EASY - 1 (Solution)

Easy

8	7	5	6	9	3	2	1	4
6	3	4	5	2	1	7	9	8
1	9	2	7	4	8	3	5	6
4	1	9	8	6	7	5	2	3
2	8	7	9	3	5	4	6	1
3	5	6	4	1	2	8	7	9
7	4	8	1	5	9	6	3	2
5	2	1	3	8	6	9	4	7
9	6	3	2	7	4	1	8	5

EASY - 2 (Solution)

Easy

2	3	7	9	8	5	1	4	6
6	1	4	2	7	3	5	8	9
8	5	9	4	1	6	3	7	2
7	8	1	6	9	4	2	5	3
5	9	3	7	2	8	4	6	1
4	2	6	5	3	1	7	9	8
9	7	8	1	5	2	6	3	4
3	4	2	8	6	7	9	1	5
1	6	5	3	4	9	8	2	7

EASY - 3 (Solution)

Easy

1	2	6	7	4	3	5	9	8
9	4	3	2	5	8	6	7	1
7	8	5	9	1	6	4	3	2
6	1	8	3	9	7	2	4	5
3	7	2	5	8	4	9	1	6
5	9	4	6	2	1	3	8	7
4	5	7	1	6	9	8	2	3
8	6	1	4	3	2	7	5	9
2	3	9	8	7	5	1	6	4

EASY - 4 (Solution)

Easy

2	3	4	8	9	1	6	7	5
7	6	5	2	4	3	8	1	9
8	9	1	7	5	6	2	3	4
4	8	3	9	7	5	1	2	6
1	7	2	4	6	8	5	9	3
6	5	9	3	1	2	7	4	8
3	2	7	6	8	9	4	5	1
9	1	6	5	2	4	3	8	7
5	4	8	1	3	7	9	6	2

EASY - 5 (Solution)

Easy

1	3	8	2	6	7	9	4	5
9	5	7	8	4	1	6	3	2
6	2	4	9	5	3	1	8	7
8	7	1	3	9	4	5	2	6
4	6	3	5	1	2	8	7	9
2	9	5	6	7	8	4	1	3
7	4	9	1	3	5	2	6	8
3	8	6	4	2	9	7	5	1
5	1	2	7	8	6	3	9	4

EASY - 6 (Solution)

Easy

6	4	3	5	7	1	2	8	9
9	7	5	2	4	8	3	1	6
1	8	2	9	3	6	5	7	4
3	2	4	8	9	5	7	6	1
5	6	9	3	1	7	4	2	8
7	1	8	4	6	2	9	5	3
8	3	1	7	2	4	6	9	5
2	9	6	1	5	3	8	4	7
4	5	7	6	8	9	1	3	2

EASY - 7 (Solution)

Easy

7	8	1	3	6	9	4	5	2
5	9	4	2	7	8	3	6	1
3	6	2	5	1	4	7	8	9
9	2	5	1	4	7	6	3	8
6	1	3	8	2	5	9	4	7
4	7	8	9	3	6	1	2	5
8	5	7	4	9	3	2	1	6
2	3	9	6	5	1	8	7	4
1	4	6	7	8	2	5	9	3

EASY - 8 (Solution)

Easy

6	7	3	4	8	9	2	5	1
2	1	5	3	7	6	4	9	8
9	4	8	1	5	2	7	3	6
7	2	4	9	6	3	1	8	5
3	5	6	8	1	4	9	2	7
1	8	9	7	2	5	3	6	4
8	9	1	6	3	7	5	4	2
5	3	7	2	4	8	6	1	9
4	6	2	5	9	1	8	7	3

EASY - 9 (Solution)

Easy

8	7	9	3	5	6	2	4	1
5	6	2	4	1	7	8	3	9
1	3	4	2	8	9	6	5	7
6	2	8	9	3	5	7	1	4
3	9	7	1	6	4	5	2	8
4	5	1	7	2	8	9	6	3
7	8	5	6	4	1	3	9	2
2	4	6	8	9	3	1	7	5
9	1	3	5	7	2	4	8	6

EASY - 10 (Solution)

Easy

9	7	2	5	4	1	8	6	3
3	4	8	9	2	6	5	7	1
5	6	1	3	8	7	2	4	9
4	9	5	8	6	3	7	1	2
1	3	6	2	7	4	9	8	5
2	8	7	1	5	9	4	3	6
7	5	4	6	1	2	3	9	8
8	1	3	7	9	5	6	2	4
6	2	9	4	3	8	1	5	7

EASY - 11 (Solution)

Easy

8	4	7	3	1	6	2	5	9
2	5	6	8	7	9	1	4	3
1	9	3	5	4	2	8	6	7
7	2	5	6	9	8	3	1	4
4	8	9	1	5	3	6	7	2
3	6	1	4	2	7	9	8	5
9	3	4	7	6	1	5	2	8
5	1	8	2	3	4	7	9	6
6	7	2	9	8	5	4	3	1

EASY - 12 (Solution)

Easy

7	1	2	9	3	4	8	5	6
4	9	8	7	6	5	1	3	2
6	3	5	8	1	2	7	4	9
1	7	3	2	8	9	4	6	5
5	6	9	1	4	3	2	7	8
2	8	4	6	5	7	3	9	1
8	2	7	4	9	6	5	1	3
3	4	6	5	2	1	9	8	7
9	5	1	3	7	8	6	2	4

EASY - 13 (Solution)

Easy

1	7	4	5	9	2	3	8	6
5	9	8	3	4	6	7	1	2
2	6	3	7	1	8	4	5	9
7	8	2	4	6	5	1	9	3
6	1	9	8	7	3	2	4	5
4	3	5	9	2	1	6	7	8
8	5	7	6	3	4	9	2	1
3	4	1	2	8	9	5	6	7
9	2	6	1	5	7	8	3	4

EASY - 14 (Solution)

Easy

6	5	7	9	3	1	4	2	8
2	1	3	4	7	8	9	6	5
4	8	9	5	6	2	3	7	1
3	6	8	7	4	5	2	1	9
5	2	4	1	8	9	7	3	6
7	9	1	6	2	3	5	8	4
8	7	6	3	5	4	1	9	2
9	4	2	8	1	7	6	5	3
1	3	5	2	9	6	8	4	7

EASY - 15 (Solution)

Easy

4	1	8	2	9	6	5	3	7
2	6	9	3	7	5	1	4	8
5	7	3	4	1	8	9	2	6
7	2	1	9	4	3	8	6	5
6	9	4	5	8	2	3	7	1
3	8	5	7	6	1	4	9	2
1	4	6	8	2	9	7	5	3
8	3	7	6	5	4	2	1	9
9	5	2	1	3	7	6	8	4

EASY - 16 (Solution)

Easy

6	8	2	4	5	1	7	3	9
1	3	4	9	2	7	8	6	5
9	5	7	6	8	3	2	4	1
8	6	1	5	7	2	3	9	4
3	7	9	8	6	4	5	1	2
2	4	5	3	1	9	6	7	8
4	1	8	7	3	5	9	2	6
5	9	3	2	4	6	1	8	7
7	2	6	1	9	8	4	5	3

EASY - 17 (Solution)

Easy

2	4	1	9	3	7	6	5	8
3	9	5	8	4	6	1	2	7
8	6	7	5	1	2	4	3	9
1	2	3	4	8	5	9	7	6
5	8	9	6	7	1	2	4	3
6	7	4	2	9	3	8	1	5
9	3	8	1	5	4	7	6	2
4	5	2	7	6	9	3	8	1
7	1	6	3	2	8	5	9	4

EASY - 18 (Solution)

Easy

5	8	7	4	2	1	6	9	3
9	6	2	5	7	3	1	4	8
4	3	1	9	6	8	2	7	5
2	5	4	7	3	9	8	1	6
8	9	3	2	1	6	7	5	4
7	1	6	8	5	4	9	3	2
6	2	5	1	4	7	3	8	9
3	7	9	6	8	5	4	2	1
1	4	8	3	9	2	5	6	7

EASY - 19 (Solution)

Easy

5	4	6	9	1	7	3	2	8
3	2	9	8	5	4	1	7	6
1	7	8	2	3	6	9	4	5
9	3	1	6	4	2	5	8	7
4	8	5	7	9	3	6	1	2
7	6	2	5	8	1	4	9	3
8	1	7	3	6	9	2	5	4
6	5	4	1	2	8	7	3	9
2	9	3	4	7	5	8	6	1

EASY - 20 (Solution)

Easy

6	9	7	2	8	1	5	4	3
5	8	3	6	9	4	7	1	2
2	1	4	7	3	5	6	8	9
9	6	1	3	2	7	8	5	4
7	3	2	5	4	8	1	9	6
8	4	5	1	6	9	2	3	7
3	2	8	9	5	6	4	7	1
1	5	9	4	7	2	3	6	8
4	7	6	8	1	3	9	2	5

EASY - 21 (Solution)

Easy

9	7	4	8	3	6	1	5	2
5	8	1	4	7	2	6	3	9
2	6	3	9	1	5	4	8	7
4	9	6	5	8	7	2	1	3
7	5	8	3	2	1	9	6	4
3	1	2	6	9	4	8	7	5
6	3	5	1	4	9	7	2	8
8	4	7	2	6	3	5	9	1
1	2	9	7	5	8	3	4	6

EASY - 22 (Solution)

Easy

2	9	8	7	1	5	4	3	6
1	7	3	2	6	4	9	5	8
6	4	5	8	9	3	1	7	2
7	8	1	9	5	2	6	4	3
5	3	4	1	7	6	2	8	9
9	6	2	3	4	8	7	1	5
8	2	6	4	3	7	5	9	1
3	1	7	5	2	9	8	6	4
4	5	9	6	8	1	3	2	7

EASY - 23 (Solution)

Easy

1	7	4	3	2	8	5	9	6
6	9	8	7	4	5	2	3	1
2	5	3	6	9	1	8	4	7
9	2	1	8	5	6	4	7	3
5	8	6	4	3	7	1	2	9
3	4	7	2	1	9	6	5	8
7	3	5	1	6	4	9	8	2
8	6	9	5	7	2	3	1	4
4	1	2	9	8	3	7	6	5

EASY - 24 (Solution)

Easy

5	4	8	3	7	9	1	2	6
9	3	6	1	4	2	8	7	5
1	2	7	6	5	8	9	4	3
8	9	2	7	1	3	5	6	4
6	5	3	9	2	4	7	1	8
4	7	1	8	6	5	2	3	9
2	8	9	4	3	1	6	5	7
7	1	4	5	9	6	3	8	2
3	6	5	2	8	7	4	9	1

EASY - 25 (Solution)

Easy

1	9	3	2	6	4	5	8	7
8	5	7	1	3	9	2	4	6
2	6	4	8	5	7	1	9	3
3	4	2	6	9	8	7	1	5
6	8	1	3	7	5	4	2	9
5	7	9	4	1	2	3	6	8
4	1	5	7	8	6	9	3	2
7	3	6	9	2	1	8	5	4
9	2	8	5	4	3	6	7	1

EASY - 26 (Solution)

Easy

9	4	1	3	6	8	5	2	7
7	5	2	1	9	4	6	8	3
3	8	6	2	5	7	1	9	4
1	6	7	8	2	9	3	4	5
8	9	3	6	4	5	7	1	2
5	2	4	7	3	1	9	6	8
2	3	5	4	1	6	8	7	9
6	7	9	5	8	2	4	3	1
4	1	8	9	7	3	2	5	6

EASY - 27 (Solution)

Easy

1	9	7	2	3	4	8	5	6
3	4	2	8	6	5	1	9	7
8	5	6	7	9	1	3	4	2
6	2	3	4	7	8	5	1	9
5	1	9	3	2	6	7	8	4
7	8	4	1	5	9	6	2	3
2	3	5	9	8	7	4	6	1
9	6	1	5	4	3	2	7	8
4	7	8	6	1	2	9	3	5

EASY - 28 (Solution)

Easy

3	8	2	9	1	5	6	4	7
7	1	4	8	2	6	9	3	5
6	5	9	3	7	4	1	2	8
4	9	3	2	8	1	5	7	6
5	2	6	7	4	9	8	1	3
8	7	1	6	5	3	2	9	4
9	4	8	5	3	2	7	6	1
1	6	5	4	9	7	3	8	2
2	3	7	1	6	8	4	5	9

EASY - 29 (Solution)

Easy

8	4	9	6	1	5	3	2	7
6	2	1	7	8	3	9	4	5
5	7	3	4	2	9	1	8	6
3	6	7	2	4	8	5	1	9
9	8	2	1	5	7	6	3	4
1	5	4	3	9	6	8	7	2
7	1	6	9	3	2	4	5	8
2	3	8	5	6	4	7	9	1
4	9	5	8	7	1	2	6	3

EASY - 30 (Solution)

Easy

6	9	8	5	2	1	7	4	3
3	1	4	6	9	7	8	5	2
7	2	5	8	3	4	1	6	9
5	8	9	7	6	3	2	1	4
4	7	2	9	1	5	6	3	8
1	3	6	2	4	8	5	9	7
8	4	7	1	5	9	3	2	6
9	6	1	3	7	2	4	8	5
2	5	3	4	8	6	9	7	1

Intermediate

INTERMEDIATE - 1

Intermediate

9	8			5	2		4	
	4		8		9	2		
1	5		7			8		9
8		4		9		3		2
7	2	5		1				
6		9			4		5	8
4	7	3		8	6	9	2	1
5	6	8		2		4		
	9	1		3	7	5		6

INTERMEDIATE - 2

Intermediate

	5	8	7	3	1	2		
7		2	8	9	5	4	1	
3			4	2			8	
5		7		1	3			4
1		6	9	8			7	5
2				4		9	6	
8				7		6		
			2	5	9		4	
				6	8	1	5	2

INTERMEDIATE - 3

	8		2	7			9	1
	5			9	1	8		7
		9	5					3
5	1	8		4	6		3	2
3	6		8					
2	9	4			5		7	8
		6		1			8	5
7	4	5	6	8	2		1	9
8			9	5	3	7	4	6

INTERMEDIATE - 4

3				4	6	8	7	
8	2			5		4	3	6
4	7					5	1	2
		1	7		2	3	6	
9	4	3	5	6	8	7	2	1
			4	3				
2	9		6					
		7						
6	5	8			3	2	4	

INTERMEDIATE - 5

Intermediate

5	4	2		3	1		9	7
		7	8				3	
1				9		4	5	6
6				8		7		5
3	8	4	2	5			6	
2	7	5		6			8	
8			9			6		3
4		6			8	5	1	
	9		5		6	2	4	8

INTERMEDIATE - 6

Intermediate

8	4					6	7	5
	2		8				1	
1	3		5		6			2
	9	3	7	6	8	5		1
5			1	2				
	1	8			9	3	2	6
				4	1			8
4	8		2	3	5	7	6	
	5	2	6			7	1	

INTERMEDIATE - 7

5	4	8			6	3		1
9	2			1		5		
	7		5	8		6	9	
2				4	1			
8	1	3		9				2
		5				1	3	7
7	3	9		6	4		1	5
6	8	2		5		9		
	5	4			9	7	8	

INTERMEDIATE - 8

1		8		4	6	9	5	3
9						6		1
7				9	1		8	
	8					3	4	
2	7	4		8	9			6
3	9		4			7	2	8
	3	9	2	5	4			7
	1		9	6		8	3	
	5	7		3		4	9	

INTERMEDIATE - 9

					6	4	2	
			8	4		1		
					2		8	6
	8		7	6		3	9	4
4	9		2		8		5	7
7	6	3	4	9		2	1	
6	7			8	4			
9	3	4	5	1	7	8		2
1	5	8	6			7	4	9

INTERMEDIATE - 10

4	7	8		5			3	
6	3		4		2	9		
2	1	9	3	7	6	8		
9	8	3			5	1	7	2
7	2		9	1	3			8
			7			4	9	
5	9			3	4		2	
8	6	1		9			5	
3		2				7		

INTERMEDIATE - 11

3	6		7		8	4		
4		8	6			3		
				4	3			
	4	6	5		2		1	
	9				1	8	6	5
8		5			6	2	7	4
1	3		2	6	9			
6	5		8	3			9	2
	8	2		5	4	6	3	7

INTERMEDIATE - 12

8	9		4		2	7		5
6	2	7	9		5			3
		5	6			8	9	2
		6			4	5		
	4	1		2	6	9		
	5	2		7			3	4
					9	2	4	
5	7	4		6	3			
2		9	1	4		3	5	7

INTERMEDIATE - 13

	9		2				4	3
		8	1				5	2
	7	6		4		8	9	
7	8		4				6	
6		1	8		9	4	7	
4	5	9		1	7	2		
	1			6	4		8	7
		7			1	9		4
	3	4	7		2		1	

INTERMEDIATE - 14

9	5	6		4		2	3	1
7				1				9
2	1	4		5			8	6
	9	7	2	3		6		4
1	2				4	8		
6		5	7			1		
				2	8			
	6	2			5	9	1	8
5			3	9	6	4	7	2

INTERMEDIATE - 15

5	3		9	4		8	6	
1		8	3					4
		6	5		8	2		1
4	1		2			9		
3		9	8		7			
	6				3	1		2
	8		6		4	7		9
6		1		3	9		2	8
7	9		1		2		5	6

INTERMEDIATE - 16

	3	6		9	5		1	2
	7	2	6	1		8		5
	9	1	7		2		4	
	6		3					8
	5		8				2	9
	8	4		2	6	1	5	
3		5			7	9		4
9			5		8			1
		8	2		9		3	7

INTERMEDIATE - 17

9			4	5	3		8	
8		3		9	2		5	
	5		7	8			1	9
7				1		5	2	8
1		8	6		5	7		
		9	2		8		4	
	8		9	2	1		3	
3		5	8		4			2
2	9	4	5	3	7			1

INTERMEDIATE - 18

9	2	5			6	8	3	4
	8	4	3	5		2		1
	3	6			8			
6	5	7	9	3		4		
2	1	3	5	8			9	6
			1			3	5	2
		2	8		1			
				2		9		7
4			6	7	5	1	2	3

INTERMEDIATE - 19

3	4	1			2	5	8	6
6		9	4		5	3	1	
	5	8		1				
			7				3	
		7		2	9	6	5	4
4			3	5	6	8	7	
9	1	4			8		2	
7	2						6	8
8	6	3	2	9	7	1	4	5

INTERMEDIATE - 20

9	1			3			2	4
2	8	5	1	4	9	7	3	6
6		4				9	1	
	7	3		6				
			7			1		
		9	8	2			7	
7				8	6	3	4	1
4		8				2	5	
3	9	1	4	5			6	

INTERMEDIATE - 21

7	5			3		2	4	
1	4	3	5	6	2			
8	6	2	9				5	1
5	1		4		3	7		8
9	3		2	8		6	1	
	7				5	9		4
4	9				6		8	2
	2		7		8	5		
	8		1				7	

INTERMEDIATE - 22

5					2	8	4	
1	6	4	9		8		2	3
9		8	4		3	1		
		9	5	2	7	6	3	4
	3	2	8					
	4	5	3	9	1	2	7	8
4			7				9	2
			2	8	4			6
		6					8	

INTERMEDIATE - 23

	8		7	3		5		1
4					6	3	7	
			4	5		2		
2					7	8		5
7	6		8	2			1	3
8	1		3		4	6	2	7
1	9	8	5	4			3	
5	4	7		6		9		
3	2	6	9		8	1		

INTERMEDIATE - 24

7		1	8		5	2	3	
			3		9		5	4
	5			6	7		1	
5	7	2	4			1		9
1			9	7		5		
8	6						4	
	1	5	6			8	7	
2		6	7	5		4		1
	8				4	6	2	5

INTERMEDIATE - 25

			7	8	9	4	5	6
5	8			6		3		7
4	6		3			9		
3		4	6			1	7	9
7	9	2	5		3		8	
					7			2
2	7	5	1		6			
		1	9		2			
9	3	6			5	2	4	1

INTERMEDIATE - 26

7		5		3			9	8
	8	1		2				
2				5	8	6		1
			6	4			2	5
		7	3	1	2	8	4	
4	2	6	5	8	9	7		
8	4							9
		9		6	4	5	3	
	5	2		9				7

INTERMEDIATE - 27

Intermediate

5	8						1	
		7	5	4	6			3
		6	8		1			
4	7	8	6	1	2	5	3	9
2	3	5	4	9			6	7
	6		3		5	4		2
6				8	9			1
		3				2	9	
8	1	9			3		4	6

INTERMEDIATE - 28

Intermediate

8			9	1	4			5
4	5		3	6		1	7	9
6	1	9				4		3
	4	8	6	9	1	3	2	
7	2	6						1
1	9	3	7	5	2	6		8
	7		4				9	6
		4	1	7	6			
				8		7		

INTERMEDIATE - 29

Intermediate

		8			3			9
9	5	1	8	4		7		3
	3		5	1	9		8	4
		3				6	4	1
			6	9	5			
6							9	
2	6		3				5	7
3	1				6		2	8
	4	5	1	2		9	3	6

INTERMEDIATE - 30

Intermediate

3	4		9		5			8
2		9	1	7	8		4	
			6			9		2
6		7		3	4			9
4		1			9	8		
	8		7				2	3
1	9		3				8	5
	7			9	1	6		4
5	6			8	2	7	9	1

INTERMEDIATE - 1 (Solution)

9	8	6	1	5	2	7	4	3
3	4	7	8	6	9	2	1	5
1	5	2	7	4	3	8	6	9
8	1	4	6	9	5	3	7	2
7	2	5	3	1	8	6	9	4
6	3	9	2	7	4	1	5	8
4	7	3	5	8	6	9	2	1
5	6	8	9	2	1	4	3	7
2	9	1	4	3	7	5	8	6

INTERMEDIATE - 2 (Solution)

4	5	8	7	3	1	2	9	6
7	6	2	8	9	5	4	1	3
3	1	9	4	2	6	5	8	7
5	9	7	6	1	3	8	2	4
1	4	6	9	8	2	3	7	5
2	8	3	5	4	7	9	6	1
8	2	5	1	7	4	6	3	9
6	3	1	2	5	9	7	4	8
9	7	4	3	6	8	1	5	2

INTERMEDIATE - 3 (Solution)

6	8	3	2	7	4	5	9	1
4	5	2	3	9	1	8	6	7
1	7	9	5	6	8	4	2	3
5	1	8	7	4	6	9	3	2
3	6	7	8	2	9	1	5	4
2	9	4	1	3	5	6	7	8
9	3	6	4	1	7	2	8	5
7	4	5	6	8	2	3	1	9
8	2	1	9	5	3	7	4	6

INTERMEDIATE - 4 (Solution)

3	1	5	2	4	6	8	7	9
8	2	9	1	5	7	4	3	6
4	7	6	3	8	9	5	1	2
5	8	1	7	9	2	3	6	4
9	4	3	5	6	8	7	2	1
7	6	2	4	3	1	9	5	8
2	9	4	6	7	5	1	8	3
1	3	7	8	2	4	6	9	5
6	5	8	9	1	3	2	4	7

INTERMEDIATE - 5 (Solution)

Intermediate

5	4	2	6	3	1	8	9	7
9	6	7	8	4	5	1	3	2
1	3	8	7	9	2	4	5	6
6	1	9	4	8	3	7	2	5
3	8	4	2	5	7	9	6	1
2	7	5	1	6	9	3	8	4
8	5	1	9	2	4	6	7	3
4	2	6	3	7	8	5	1	9
7	9	3	5	1	6	2	4	8

INTERMEDIATE - 6 (Solution)

Intermediate

8	4	9	3	1	2	6	7	5
6	2	5	8	7	4	9	1	3
1	3	7	5	9	6	4	8	2
2	9	3	7	6	8	5	4	1
5	6	4	1	2	3	8	9	7
7	1	8	4	5	9	3	2	6
3	7	6	9	4	1	2	5	8
4	8	1	2	3	5	7	6	9
9	5	2	6	8	7	1	3	4

INTERMEDIATE - 7 (Solution)

Intermediate

5	4	8	9	7	6	3	2	1
9	2	6	4	1	3	5	7	8
3	7	1	5	8	2	6	9	4
2	6	7	3	4	1	8	5	9
8	1	3	7	9	5	4	6	2
4	9	5	6	2	8	1	3	7
7	3	9	8	6	4	2	1	5
6	8	2	1	5	7	9	4	3
1	5	4	2	3	9	7	8	6

INTERMEDIATE - 8 (Solution)

Intermediate

1	2	8	7	4	6	9	5	3
9	4	5	8	2	3	6	7	1
7	6	3	5	9	1	2	8	4
5	8	1	6	7	2	3	4	9
2	7	4	3	8	9	5	1	6
3	9	6	4	1	5	7	2	8
8	3	9	2	5	4	1	6	7
4	1	2	9	6	7	8	3	5
6	5	7	1	3	8	4	9	2

INTERMEDIATE - 9 (Solution)

Intermediate

8	1	9	3	7	6	4	2	5
5	2	6	8	4	9	1	7	3
3	4	7	1	5	2	9	8	6
2	8	5	7	6	1	3	9	4
4	9	1	2	3	8	6	5	7
7	6	3	4	9	5	2	1	8
6	7	2	9	8	4	5	3	1
9	3	4	5	1	7	8	6	2
1	5	8	6	2	3	7	4	9

INTERMEDIATE - 10 (Solution)

Intermediate

4	7	8	1	5	9	2	3	6
6	3	5	4	8	2	9	1	7
2	1	9	3	7	6	8	4	5
9	8	3	6	4	5	1	7	2
7	2	4	9	1	3	5	6	8
1	5	6	7	2	8	4	9	3
5	9	7	8	3	4	6	2	1
8	6	1	2	9	7	3	5	4
3	4	2	5	6	1	7	8	9

INTERMEDIATE - 11 (Solution)

Intermediate

3	6	9	7	2	8	4	5	1
4	7	8	6	1	5	3	2	9
5	2	1	9	4	3	7	8	6
7	4	6	5	8	2	9	1	3
2	9	3	4	7	1	8	6	5
8	1	5	3	9	6	2	7	4
1	3	7	2	6	9	5	4	8
6	5	4	8	3	7	1	9	2
9	8	2	1	5	4	6	3	7

INTERMEDIATE - 12 (Solution)

Intermediate

8	9	3	4	1	2	7	6	5
6	2	7	9	8	5	4	1	3
4	1	5	6	3	7	8	9	2
7	8	6	3	9	4	5	2	1
3	4	1	5	2	6	9	7	8
9	5	2	8	7	1	6	3	4
1	3	8	7	5	9	2	4	6
5	7	4	2	6	3	1	8	9
2	6	9	1	4	8	3	5	7

INTERMEDIATE - 13 (Solution)

Intermediate

1	9	5	2	7	8	6	4	3
3	4	8	1	9	6	7	5	2
2	7	6	5	4	3	8	9	1
7	8	3	4	2	5	1	6	9
6	2	1	8	3	9	4	7	5
4	5	9	6	1	7	2	3	8
5	1	2	9	6	4	3	8	7
8	6	7	3	5	1	9	2	4
9	3	4	7	8	2	5	1	6

INTERMEDIATE - 14 (Solution)

Intermediate

9	5	6	8	4	7	2	3	1
7	3	8	6	1	2	5	4	9
2	1	4	9	5	3	7	8	6
8	9	7	2	3	1	6	5	4
1	2	3	5	6	4	8	9	7
6	4	5	7	8	9	1	2	3
4	7	9	1	2	8	3	6	5
3	6	2	4	7	5	9	1	8
5	8	1	3	9	6	4	7	2

INTERMEDIATE - 15 (Solution)

Intermediate

5	3	2	9	4	1	8	6	7
1	7	8	3	2	6	5	9	4
9	4	6	5	7	8	2	3	1
4	1	7	2	6	5	9	8	3
3	2	9	8	1	7	6	4	5
8	6	5	4	9	3	1	7	2
2	8	3	6	5	4	7	1	9
6	5	1	7	3	9	4	2	8
7	9	4	1	8	2	3	5	6

INTERMEDIATE - 16 (Solution)

Intermediate

8	3	6	4	9	5	7	1	2
4	7	2	6	1	3	8	9	5
5	9	1	7	8	2	3	4	6
2	6	9	3	5	1	4	7	8
1	5	3	8	7	4	6	2	9
7	8	4	9	2	6	1	5	3
3	2	5	1	6	7	9	8	4
9	4	7	5	3	8	2	6	1
6	1	8	2	4	9	5	3	7

INTERMEDIATE - 17 (Solution)

Intermediate

9	6	1	4	5	3	2	8	7
8	7	3	1	9	2	6	5	4
4	5	2	7	8	6	3	1	9
7	4	6	3	1	9	5	2	8
1	2	8	6	4	5	7	9	3
5	3	9	2	7	8	1	4	6
6	8	7	9	2	1	4	3	5
3	1	5	8	6	4	9	7	2
2	9	4	5	3	7	8	6	1

INTERMEDIATE - 18 (Solution)

Intermediate

9	2	5	7	1	6	8	3	4
7	8	4	3	5	9	2	6	1
1	3	6	2	4	8	5	7	9
6	5	7	9	3	2	4	1	8
2	1	3	5	8	4	7	9	6
8	4	9	1	6	7	3	5	2
3	7	2	8	9	1	6	4	5
5	6	1	4	2	3	9	8	7
4	9	8	6	7	5	1	2	3

INTERMEDIATE - 19 (Solution)

Intermediate

3	4	1	9	7	2	5	8	6
6	7	9	4	8	5	3	1	2
2	5	8	6	1	3	4	9	7
5	8	6	7	4	1	2	3	9
1	3	7	8	2	9	6	5	4
4	9	2	3	5	6	8	7	1
9	1	4	5	6	8	7	2	3
7	2	5	1	3	4	9	6	8
8	6	3	2	9	7	1	4	5

INTERMEDIATE - 20 (Solution)

Intermediate

9	1	7	6	3	8	5	2	4
2	8	5	1	4	9	7	3	6
6	3	4	2	7	5	9	1	8
8	7	3	5	6	1	4	9	2
5	2	6	7	9	4	1	8	3
1	4	9	8	2	3	6	7	5
7	5	2	9	8	6	3	4	1
4	6	8	3	1	7	2	5	9
3	9	1	4	5	2	8	6	7

INTERMEDIATE - 21 (Solution)

Intermediate

7	5	9	8	3	1	2	4	6
1	4	3	5	6	2	8	9	7
8	6	2	9	7	4	3	5	1
5	1	6	4	9	3	7	2	8
9	3	4	2	8	7	6	1	5
2	7	8	6	1	5	9	3	4
4	9	7	3	5	6	1	8	2
3	2	1	7	4	8	5	6	9
6	8	5	1	2	9	4	7	3

INTERMEDIATE - 22 (Solution)

Intermediate

5	7	3	6	1	2	8	4	9
1	6	4	9	5	8	7	2	3
9	2	8	4	7	3	1	6	5
8	1	9	5	2	7	6	3	4
7	3	2	8	4	6	9	5	1
6	4	5	3	9	1	2	7	8
4	8	1	7	6	5	3	9	2
3	9	7	2	8	4	5	1	6
2	5	6	1	3	9	4	8	7

INTERMEDIATE - 23 (Solution)

6	8	2	7	3	9	5	4	1
4	5	1	2	8	6	3	7	9
9	7	3	4	5	1	2	6	8
2	3	4	6	1	7	8	9	5
7	6	9	8	2	5	4	1	3
8	1	5	3	9	4	6	2	7
1	9	8	5	4	2	7	3	6
5	4	7	1	6	3	9	8	2
3	2	6	9	7	8	1	5	4

INTERMEDIATE - 24 (Solution)

7	9	1	8	4	5	2	3	6
6	2	8	3	1	9	7	5	4
3	5	4	2	6	7	9	1	8
5	7	2	4	8	3	1	6	9
1	4	3	9	7	6	5	8	2
8	6	9	5	2	1	3	4	7
4	1	5	6	9	2	8	7	3
2	3	6	7	5	8	4	9	1
9	8	7	1	3	4	6	2	5

INTERMEDIATE - 25 (Solution)

Intermediate

1	2	3	7	8	9	4	5	6
5	8	9	2	6	4	3	1	7
4	6	7	3	5	1	9	2	8
3	5	4	6	2	8	1	7	9
7	9	2	5	1	3	6	8	4
6	1	8	4	9	7	5	3	2
2	7	5	1	4	6	8	9	3
8	4	1	9	3	2	7	6	5
9	3	6	8	7	5	2	4	1

INTERMEDIATE - 26 (Solution)

Intermediate

7	6	5	4	3	1	2	9	8
9	8	1	7	2	6	3	5	4
2	3	4	9	5	8	6	7	1
3	1	8	6	4	7	9	2	5
5	9	7	3	1	2	8	4	6
4	2	6	5	8	9	7	1	3
8	4	3	2	7	5	1	6	9
1	7	9	8	6	4	5	3	2
6	5	2	1	9	3	4	8	7

INTERMEDIATE - 27 (Solution)

Intermediate

5	8	2	9	3	7	6	1	4
1	9	7	5	4	6	8	2	3
3	4	6	8	2	1	9	7	5
4	7	8	6	1	2	5	3	9
2	3	5	4	9	8	1	6	7
9	6	1	3	7	5	4	8	2
6	2	4	7	8	9	3	5	1
7	5	3	1	6	4	2	9	8
8	1	9	2	5	3	7	4	6

INTERMEDIATE - 28 (Solution)

Intermediate

8	3	7	9	1	4	2	6	5
4	5	2	3	6	8	1	7	9
6	1	9	5	2	7	4	8	3
5	4	8	6	9	1	3	2	7
7	2	6	8	4	3	9	5	1
1	9	3	7	5	2	6	4	8
2	7	1	4	3	5	8	9	6
9	8	4	1	7	6	5	3	2
3	6	5	2	8	9	7	1	4

INTERMEDIATE - 29 (Solution)

Intermediate

4	2	8	7	6	3	5	1	9
9	5	1	8	4	2	7	6	3
7	3	6	5	1	9	2	8	4
5	9	3	2	7	8	6	4	1
1	8	4	6	9	5	3	7	2
6	7	2	4	3	1	8	9	5
2	6	9	3	8	4	1	5	7
3	1	7	9	5	6	4	2	8
8	4	5	1	2	7	9	3	6

INTERMEDIATE - 30 (Solution)

Intermediate

3	4	6	9	2	5	1	7	8
2	5	9	1	7	8	3	4	6
7	1	8	6	4	3	9	5	2
6	2	7	8	3	4	5	1	9
4	3	1	2	5	9	8	6	7
9	8	5	7	1	6	4	2	3
1	9	4	3	6	7	2	8	5
8	7	2	5	9	1	6	3	4
5	6	3	4	8	2	7	9	1

Hard

HARD - 1

3		9			5	6	8	
	5	6		7	8	1		3
		7		2				
2						9	1	
8		5			2	4		
9		4	8		1			2
6	4					3	7	
5		2			7	8		1
		8	1		6		4	

HARD - 2

					4			7
		7				1		5
	4	1						
8	9	4	2					6
2	1	3	6			8	7	9
	6		3	9		4	2	
1		6	8	3	7			
4				2		6		3
3			4		6	7	5	

HARD - 3

		2	5	7				
		5	3		8	1		2
	1				2	5	7	3
1	4							
					5	9		4
							2	
4	9	1	2		3	6		
6	5	8	4	9			3	1
2		7	1	5	6	8		

HARD - 4

3		4	6	8	2	9		
		2	4	7				1
		5		3		2	4	
2		6		4	3			
		7	5				6	2
		1				4	3	7
	4			5				
1		9	3			7		
		3	8		7	6	9	4

HARD - 5

6	5	8	7		1			
	1	4	9					2
7			4		6	1	8	5
		6	3					
5		3	6	1	8		9	
8				4				
4			1		9	8	2	
				5	4			6
	8				3	4	5	1

HARD - 6

		4		5	2		3	
6		5		7	8		4	
	7			3	9	5		6
3		6	7		1	9		5
4	8		2			1		
9					6		7	
		9	5		7			
5		3				7		
	4	2	9			6		8

HARD - 7

9							2	
		7			3			
2	4	3					1	7
8			2	4	1	7		
		4	5	8	7	9	3	
	7	5	6		9			8
	9	2	7	1	4	8	6	5
7	6		3					
				6	2			

HARD - 8

	1		4		5	6	3	
	9					2	8	4
		3			6		1	7
3	6	8	5		9	4	7	
9			8	1			2	
	7	2	3		4			
6	3			4		8	9	
8		4					6	
				5		1		

HARD - 9

3	7		9	6				
2		6				8	1	
9		1		5		7		3
1	8		3		7			
	9		5			4	3	1
6	3	5		1	2			
4		9		7				
			6			5	9	
5	6			3	9		2	

HARD - 10

		3	9				2	
	6	5					9	7
			3	2	6			
5		6			1	7	3	
3		8					4	2
1			2	7	3		6	
7			3	9		2	5	6
6		4		2			7	8
		2			6			3

HARD - 11

	9	1		5		2	6	
8					4			
5	2	6		1	7			
	8		6	2		1	5	
			7		5	8		4
3	5			8	1		2	
	4	3			6	5		1
					2			3
1	6			3	9	4		

HARD - 12

1		5		9	4	7		
6			3				8	1
					6	5		
		7						3
5	1	8						
9	3	6				2	7	8
4		2	1	3	9		6	
3			5			4	2	
7		9	6	4	2		1	

HARD - 13

				5	7	2		
	6		8			1		5
						8	4	
1	2		4		5	9	7	8
	4		9	8	2		6	1
8		9	7	6	1			
6	8		5		3			
		1			8	3		
	7		1		9		8	

HARD - 14

	6		7			8		1
1			3			6	2	
8	2	7	5		6		9	
				6	7			5
7	5	2			1			
	1		2	5				
	8	4	1			7	3	
				7	8	1	6	2
	7			9		5		4

HARD - 15

	3		1		9	5		
9			4	2	5			
	5			6			8	1
6		5			3	4		
				1			2	7
2	7			4		3		
	2	3		5	4	8	7	
8	6		7	3	1			
5					2	1		3

HARD - 16

	7		1		3			
	4				8	6		
	8	9	5	4				3
	5	7				1	3	
	1		8		4	5		
2		8	3				9	
1	3	5				9		
	2	4		1	5	3	6	
	9	6	4		2			1

HARD - 17

6		3			7			
		1				7	5	
	5		2	4	1	8	3	
5		2			9	6		1
3		6		7				4
			6		5		7	
9	6			2	3	1	4	
		8	5				2	
	4			9	8	3	6	

HARD - 18

5		8	1	4			3	9
	4					2	6	1
9	1		3			4		5
			4	5				2
4		6		2	3			8
		5	7	1	8		9	
	5			7		8	4	
		4	2		5			
				9	4		2	

HARD - 19

9	3						1	
		4						
1	5				4			8
			4	1	6	8		2
4		5		7	3	6	9	
2			8			3	7	4
		8			7	1	6	
7	4	9		6	1	2		3
			9	8				7

HARD - 20

		9	2	6	4			
	5	6	1		7	9		4
7	2	4	9	5	8	1		
6	1		7					2
					3	8		5
3		2						
5	4	1				7	3	6
2							5	9
		3		7		2		

HARD - 21

		6	4			3		
		5			1		7	4
1		4		5	7	2		9
	7	1	5					3
	4	9	1			5	6	
			8					7
	1	8	3	4				
	6	7			5	4	2	8
			7	6	8			5

HARD - 22

4	1		8				5	
		7	9	4		8		2
	6		3		5	4		9
3		5			8	9	4	
			7				2	8
	2	1			4		7	
6	8					5		7
1			2	8		6		
	9	4		3			8	

HARD - 23

						5	6	1
			8	3		2		
4					7	3		9
7				6		9	5	
5		1					3	2
3		8		2		6		
1	3		2					
6	5	7	9	4		8		3
	8	4	3	7			9	5

HARD - 24

8				3				
		2	6	5	1			
	6	1	9		7	5		4
	8	4	1	6	2	9	3	7
1	3		8					
			7	3	8	1		
		6					5	1
4	1	8						9
2		3					4	8

HARD - 25

Hard

		6		4	3		8	
5					1	4		
3	4	1	2	8			7	
	2						9	5
7	6	5		9		2	1	4
1					2	8		7
	3	2		1				
	1			3	5			
		8	6	2		9	3	

HARD - 26

Hard

			4	9	2		5	
2	1					9		
		8	3		1			6
			6	2	3		9	
5	9	3			4			2
6	2		9	8	5			7
7			1	4	8		6	
	6	1			9		7	
			2	6				3

HARD - 27

	6	7		3		2		8
	1	4				9		7
2			4		9			1
6		8	3	4	1	7		
4	9		7	2			8	
3			5			6		
8		6		1	3			
7	3	2						9
1	4				7			

HARD - 28

	9	5	2					6
2			5			9	1	
		7		9	3	4		
5		3			4	1		7
7			1				3	
			7		6		9	8
	5	1		7				2
	3	6		1		7		9
	7	2	6		9		8	

HARD - 29

1	7		3		4	9	8	2
			1	8		4		
9		4	6	2	7	1		
	6	9			5			
8						6	9	1
3		1				7		
		3	5				1	9
2	9			7			6	
	1	5	9		8			

HARD - 30

	7	1	3	8				5
		4				7		8
	3			2		1		
	5		7	6			8	
			8		4	3		2
	8	6	1		2	5		
5		8	9	4		6		7
			6	1		9	5	
3		9		7				4

HARD - 1 (Solution)

Hard

3	2	9	4	1	5	6	8	7
4	5	6	9	7	8	1	2	3
1	8	7	6	2	3	5	9	4
2	7	3	5	6	4	9	1	8
8	1	5	7	9	2	4	3	6
9	6	4	8	3	1	7	5	2
6	4	1	2	8	9	3	7	5
5	9	2	3	4	7	8	6	1
7	3	8	1	5	6	2	4	9

HARD - 2 (Solution)

Hard

9	8	2	1	5	4	3	6	7
6	3	7	9	8	2	1	4	5
5	4	1	7	6	3	9	8	2
8	9	4	2	7	1	5	3	6
2	1	3	6	4	5	8	7	9
7	6	5	3	9	8	4	2	1
1	5	6	8	3	7	2	9	4
4	7	8	5	2	9	6	1	3
3	2	9	4	1	6	7	5	8

HARD - 3 (Solution)

Hard

3	6	2	5	7	1	4	9	8
9	7	5	3	4	8	1	6	2
8	1	4	9	6	2	5	7	3
1	4	3	6	2	9	7	8	5
7	2	6	8	3	5	9	1	4
5	8	9	7	1	4	3	2	6
4	9	1	2	8	3	6	5	7
6	5	8	4	9	7	2	3	1
2	3	7	1	5	6	8	4	9

HARD - 4 (Solution)

Hard

3	1	4	6	8	2	9	7	5
6	9	2	4	7	5	3	8	1
8	7	5	1	3	9	2	4	6
2	8	6	7	4	3	5	1	9
4	3	7	5	9	1	8	6	2
9	5	1	2	6	8	4	3	7
7	4	8	9	5	6	1	2	3
1	6	9	3	2	4	7	5	8
5	2	3	8	1	7	6	9	4

HARD - 5 (Solution)

Hard

6	5	8	7	2	1	3	4	9
3	1	4	9	8	5	7	6	2
7	2	9	4	3	6	1	8	5
2	4	6	3	9	7	5	1	8
5	7	3	6	1	8	2	9	4
8	9	1	5	4	2	6	3	7
4	6	5	1	7	9	8	2	3
1	3	2	8	5	4	9	7	6
9	8	7	2	6	3	4	5	1

HARD - 6 (Solution)

Hard

1	9	4	6	5	2	8	3	7
6	3	5	1	7	8	2	4	9
2	7	8	4	3	9	5	1	6
3	2	6	7	4	1	9	8	5
4	8	7	2	9	5	1	6	3
9	5	1	3	8	6	4	7	2
8	1	9	5	6	7	3	2	4
5	6	3	8	2	4	7	9	1
7	4	2	9	1	3	6	5	8

HARD - 7 (Solution)

Hard

9	8	6	1	7	5	3	2	4
5	1	7	4	2	3	6	8	9
2	4	3	8	9	6	5	1	7
8	3	9	2	4	1	7	5	6
6	2	4	5	8	7	9	3	1
1	7	5	6	3	9	2	4	8
3	9	2	7	1	4	8	6	5
7	6	1	3	5	8	4	9	2
4	5	8	9	6	2	1	7	3

HARD - 8 (Solution)

Hard

2	1	7	4	8	5	6	3	9
5	9	6	1	7	3	2	8	4
4	8	3	2	9	6	5	1	7
3	6	8	5	2	9	4	7	1
9	4	5	8	1	7	3	2	6
1	7	2	3	6	4	9	5	8
6	3	1	7	4	2	8	9	5
8	5	4	9	3	1	7	6	2
7	2	9	6	5	8	1	4	3

HARD - 9 (Solution)

Hard

3	7	8	9	6	1	2	4	5
2	5	6	7	4	3	8	1	9
9	4	1	2	5	8	7	6	3
1	8	4	3	9	7	6	5	2
7	9	2	5	8	6	4	3	1
6	3	5	4	1	2	9	7	8
4	2	9	1	7	5	3	8	6
8	1	3	6	2	4	5	9	7
5	6	7	8	3	9	1	2	4

HARD - 10 (Solution)

Hard

8	1	3	9	6	7	5	2	4
2	6	5	4	1	8	3	9	7
4	9	7	5	3	2	6	8	1
5	2	6	8	4	1	7	3	9
3	7	8	6	5	9	1	4	2
1	4	9	2	7	3	8	6	5
7	8	1	3	9	4	2	5	6
6	3	4	1	2	5	9	7	8
9	5	2	7	8	6	4	1	3

HARD - 11 (Solution)

Hard

4	9	1	3	5	8	2	6	7
8	3	7	2	6	4	9	1	5
5	2	6	9	1	7	3	4	8
7	8	4	6	2	3	1	5	9
6	1	2	7	9	5	8	3	4
3	5	9	4	8	1	7	2	6
2	4	3	8	7	6	5	9	1
9	7	5	1	4	2	6	8	3
1	6	8	5	3	9	4	7	2

HARD - 12 (Solution)

Hard

1	2	5	8	9	4	7	3	6
6	7	4	3	2	5	9	8	1
8	9	3	7	1	6	5	4	2
2	4	7	9	6	8	1	5	3
5	1	8	2	7	3	6	9	4
9	3	6	4	5	1	2	7	8
4	5	2	1	3	9	8	6	7
3	6	1	5	8	7	4	2	9
7	8	9	6	4	2	3	1	5

HARD - 13 (Solution)

Hard

4	1	8	3	5	7	2	9	6
7	6	2	8	9	4	1	3	5
9	3	5	2	1	6	8	4	7
1	2	6	4	3	5	9	7	8
3	4	7	9	8	2	5	6	1
8	5	9	7	6	1	4	2	3
6	8	4	5	2	3	7	1	9
2	9	1	6	7	8	3	5	4
5	7	3	1	4	9	6	8	2

HARD - 14 (Solution)

Hard

3	6	9	7	4	2	8	5	1
1	4	5	3	8	9	6	2	7
8	2	7	5	1	6	4	9	3
4	3	8	9	6	7	2	1	5
7	5	2	8	3	1	9	4	6
9	1	6	2	5	4	3	7	8
6	8	4	1	2	5	7	3	9
5	9	3	4	7	8	1	6	2
2	7	1	6	9	3	5	8	4

HARD - 15 (Solution)

Hard

7	3	6	1	8	9	5	4	2
9	8	1	4	2	5	7	3	6
4	5	2	3	6	7	9	8	1
6	1	5	2	7	3	4	9	8
3	9	4	5	1	8	6	2	7
2	7	8	9	4	6	3	1	5
1	2	3	6	5	4	8	7	9
8	6	9	7	3	1	2	5	4
5	4	7	8	9	2	1	6	3

HARD - 16 (Solution)

Hard

5	7	2	1	6	3	4	8	9
3	4	1	2	9	8	6	7	5
6	8	9	5	4	7	2	1	3
4	5	7	6	2	9	1	3	8
9	1	3	8	7	4	5	2	6
2	6	8	3	5	1	7	9	4
1	3	5	7	8	6	9	4	2
8	2	4	9	1	5	3	6	7
7	9	6	4	3	2	8	5	1

HARD - 17 (Solution)

Hard

6	8	3	9	5	7	4	1	2
4	2	1	3	8	6	7	5	9
7	5	9	2	4	1	8	3	6
5	7	2	4	3	9	6	8	1
3	1	6	8	7	2	5	9	4
8	9	4	6	1	5	2	7	3
9	6	5	7	2	3	1	4	8
1	3	8	5	6	4	9	2	7
2	4	7	1	9	8	3	6	5

HARD - 18 (Solution)

Hard

5	6	8	1	4	2	7	3	9
7	4	3	5	8	9	2	6	1
9	1	2	3	6	7	4	8	5
8	9	1	4	5	6	3	7	2
4	7	6	9	2	3	1	5	8
3	2	5	7	1	8	6	9	4
2	5	9	6	7	1	8	4	3
6	8	4	2	3	5	9	1	7
1	3	7	8	9	4	5	2	6

HARD - 19 (Solution)

Hard

9	3	6	7	2	8	4	1	5
8	7	4	1	3	5	9	2	6
1	5	2	6	9	4	7	3	8
3	9	7	4	1	6	8	5	2
4	8	5	2	7	3	6	9	1
2	6	1	8	5	9	3	7	4
5	2	8	3	4	7	1	6	9
7	4	9	5	6	1	2	8	3
6	1	3	9	8	2	5	4	7

HARD - 20 (Solution)

Hard

1	3	9	2	6	4	5	7	8
8	5	6	1	3	7	9	2	4
7	2	4	9	5	8	1	6	3
6	1	5	7	8	9	3	4	2
4	9	7	6	2	3	8	1	5
3	8	2	5	4	1	6	9	7
5	4	1	8	9	2	7	3	6
2	7	8	3	1	6	4	5	9
9	6	3	4	7	5	2	8	1

HARD - 21 (Solution)

Hard

7	8	6	4	2	9	3	5	1
9	2	5	8	3	1	6	7	4
1	3	4	6	5	7	2	8	9
2	7	1	5	9	6	8	4	3
8	4	9	1	7	3	5	6	2
6	5	3	2	8	4	9	1	7
5	1	8	3	4	2	7	9	6
3	6	7	9	1	5	4	2	8
4	9	2	7	6	8	1	3	5

HARD - 22 (Solution)

Hard

4	1	9	8	6	2	7	5	3
5	3	7	9	4	1	8	6	2
2	6	8	3	7	5	4	1	9
3	7	5	1	2	8	9	4	6
9	4	6	7	5	3	1	2	8
8	2	1	6	9	4	3	7	5
6	8	2	4	1	9	5	3	7
1	5	3	2	8	7	6	9	4
7	9	4	5	3	6	2	8	1

HARD - 23 (Solution)

Hard

8	7	3	4	9	2	5	6	1
9	1	6	8	3	5	2	7	4
4	2	5	6	1	7	3	8	9
7	4	2	1	6	3	9	5	8
5	6	1	7	8	9	4	3	2
3	9	8	5	2	4	6	1	7
1	3	9	2	5	8	7	4	6
6	5	7	9	4	1	8	2	3
2	8	4	3	7	6	1	9	5

HARD - 24 (Solution)

Hard

8	7	5	2	3	4	1	9	6
9	4	2	6	5	1	7	8	3
3	6	1	9	8	7	5	2	4
5	8	4	1	6	2	9	3	7
1	3	7	8	9	5	4	6	2
6	2	9	4	7	3	8	1	5
7	9	6	3	4	8	2	5	1
4	1	8	5	2	6	3	7	9
2	5	3	7	1	9	6	4	8

HARD - 25 (Solution)

Hard

2	7	6	5	4	3	1	8	9
5	8	9	7	6	1	4	2	3
3	4	1	2	8	9	5	7	6
8	2	4	1	7	6	3	9	5
7	6	5	3	9	8	2	1	4
1	9	3	4	5	2	8	6	7
6	3	2	9	1	4	7	5	8
9	1	7	8	3	5	6	4	2
4	5	8	6	2	7	9	3	1

HARD - 26 (Solution)

Hard

3	7	6	4	9	2	8	5	1
2	1	5	8	7	6	9	3	4
9	4	8	3	5	1	7	2	6
1	8	7	6	2	3	4	9	5
5	9	3	7	1	4	6	8	2
6	2	4	9	8	5	3	1	7
7	3	2	1	4	8	5	6	9
4	6	1	5	3	9	2	7	8
8	5	9	2	6	7	1	4	3

HARD - 27 (Solution)

9	6	7	1	3	5	2	4	8
5	1	4	8	6	2	9	3	7
2	8	3	4	7	9	5	6	1
6	2	8	3	4	1	7	9	5
4	9	5	7	2	6	1	8	3
3	7	1	5	9	8	6	2	4
8	5	6	9	1	3	4	7	2
7	3	2	6	5	4	8	1	9
1	4	9	2	8	7	3	5	6

HARD - 28 (Solution)

3	9	5	2	4	1	8	7	6
2	4	8	5	6	7	9	1	3
6	1	7	8	9	3	4	2	5
5	8	3	9	2	4	1	6	7
7	6	9	1	8	5	2	3	4
1	2	4	7	3	6	5	9	8
9	5	1	3	7	8	6	4	2
8	3	6	4	1	2	7	5	9
4	7	2	6	5	9	3	8	1

HARD - 29 (Solution)

Hard

1	7	6	3	5	4	9	8	2
5	3	2	1	8	9	4	7	6
9	8	4	6	2	7	1	3	5
4	6	9	7	1	5	3	2	8
8	5	7	2	4	3	6	9	1
3	2	1	8	9	6	7	5	4
7	4	3	5	6	2	8	1	9
2	9	8	4	7	1	5	6	3
6	1	5	9	3	8	2	4	7

HARD - 30 (Solution)

Hard

9	7	1	3	8	6	2	4	5
6	2	4	5	9	1	7	3	8
8	3	5	4	2	7	1	9	6
2	5	3	7	6	9	4	8	1
1	9	7	8	5	4	3	6	2
4	8	6	1	3	2	5	7	9
5	1	8	9	4	3	6	2	7
7	4	2	6	1	8	9	5	3
3	6	9	2	7	5	8	1	4

Insane

INSANE - 1

Insane

			4					
4	9				8			
	7		5	9	6	3		
6			7		2		1	8
7		5					4	3
	1		8		3		9	6
	6	8		7			3	9
3				8				
	5							7

INSANE - 2

Insane

1		6		9				2
		8			1	6		
			2	4	6			
3			6				7	
2					8	5		
				1		2		6
9			4					7
6	5							
4	7		3	6			5	

INSANE - 3

4	8	1		3				
			5	8	1			
	7			6		3	8	
		2			5			
					6		4	
1		6	3	7			2	
	6					9	3	4
8	9		6			2	1	7
					4	8		

INSANE - 4

6		1	5	9			7	8
		9	1	4				
3	7							
		6	9					
			3	7			8	
8	5							
		2		1	5			6
				3		8		
5	9			2			3	

INSANE - 5

6	2				8	7		
1	8	3					5	9
2	7		9	8	1			
			4	6				
		8	3	5		2		6
	1		8		6	3	9	
5					9			
				3			2	

INSANE - 6

	1	2					3	6
	8		7		6			4
	3			1	2		8	
	5	6	1	9				
9	4		8	2	5	6	7	
1					3			
				7			2	
						4		5
2	9				4	1		

INSANE - 7

			3				2	
		6	8					
3	5		2		6			8
2		4	7			8	9	
		8	4		9	2		
		3		8			4	6
	6		5			9	3	
			6		7			4
7			9		8	5		

INSANE - 8

			8	3		6		
4			7					5
	6				4			
1				8			7	
9		3						6
6			1		7	4		
2			6	1	8		9	
7							8	4
					3			

INSANE - 9

		8		4		7		
	2		1	3				
7				9		1		5
	5	2	9	8		4		
6		9	3	7	2		8	
							3	
		7		6	9			
		3		2	4			9
5				1		2	6	

INSANE - 10

	4				9			1
	7			5	1	2	8	
	1	5	2	8				
4	9		3	7	2	6	5	
			5		8			
				4			9	
						1		6
8					5	3		
	2	3					4	5

INSANE - 11

		4	1	8		5	9	
1				3		4		
	9	6					3	
9		1	5	2			7	
			8		4			3
	3						1	
2			6			3		
	5		4	9		7	8	
4		8		5			2	

INSANE - 12

1		3			4		9	
9	5		1				6	
					7		2	
				2		9	5	
3		7	9					
2				4				
						6	3	
7	3	8				4	1	2
4					3	5	7	9

INSANE - 1 (Solution)

Insane

5	2	6	4	3	7	9	8	1
4	9	3	1	2	8	6	7	5
8	7	1	5	9	6	3	2	4
6	3	9	7	4	2	5	1	8
7	8	5	9	6	1	2	4	3
2	1	4	8	5	3	7	9	6
1	6	8	2	7	5	4	3	9
3	4	7	6	8	9	1	5	2
9	5	2	3	1	4	8	6	7

INSANE - 2 (Solution)

Insane

1	4	6	8	9	5	7	3	2
5	2	8	7	3	1	6	9	4
7	3	9	2	4	6	1	8	5
3	1	5	6	2	4	9	7	8
2	6	4	9	7	8	5	1	3
8	9	7	5	1	3	2	4	6
9	8	1	4	5	2	3	6	7
6	5	3	1	8	7	4	2	9
4	7	2	3	6	9	8	5	1

INSANE - 3 (Solution)

4	8	1	9	3	7	6	5	2
6	2	3	5	8	1	4	7	9
5	7	9	4	6	2	3	8	1
7	3	2	8	4	5	1	9	6
9	5	8	1	2	6	7	4	3
1	4	6	3	7	9	5	2	8
2	6	5	7	1	8	9	3	4
8	9	4	6	5	3	2	1	7
3	1	7	2	9	4	8	6	5

INSANE - 4 (Solution)

6	4	1	5	9	3	2	7	8
2	8	9	1	4	7	5	6	3
3	7	5	6	8	2	1	4	9
7	1	6	9	5	8	3	2	4
9	2	4	3	7	1	6	8	5
8	5	3	2	6	4	9	1	7
4	3	2	8	1	5	7	9	6
1	6	7	4	3	9	8	5	2
5	9	8	7	2	6	4	3	1

INSANE - 5 (Solution)

Insane

7	9	5	6	1	3	4	8	2
6	2	4	5	9	8	7	3	1
1	8	3	2	7	4	6	5	9
2	7	6	9	8	1	5	4	3
3	5	1	4	6	2	9	7	8
9	4	8	3	5	7	2	1	6
4	1	7	8	2	6	3	9	5
5	3	2	1	4	9	8	6	7
8	6	9	7	3	5	1	2	4

INSANE - 6 (Solution)

Insane

7	1	2	4	8	9	5	3	6
5	8	9	7	3	6	2	1	4
6	3	4	5	1	2	7	8	9
8	5	6	1	9	7	3	4	2
9	4	3	8	2	5	6	7	1
1	2	7	6	4	3	9	5	8
4	6	5	9	7	1	8	2	3
3	7	1	2	6	8	4	9	5
2	9	8	3	5	4	1	6	7

INSANE - 7 (Solution)

Insane

4	8	7	3	9	5	6	2	1
1	2	6	8	7	4	3	5	9
3	5	9	2	1	6	4	7	8
2	1	4	7	6	3	8	9	5
6	7	8	4	5	9	2	1	3
5	9	3	1	8	2	7	4	6
8	6	2	5	4	1	9	3	7
9	3	5	6	2	7	1	8	4
7	4	1	9	3	8	5	6	2

INSANE - 8 (Solution)

Insane

5	9	7	8	3	2	6	4	1
4	2	8	7	6	1	9	3	5
3	6	1	9	5	4	7	2	8
1	4	5	3	8	6	2	7	9
9	7	3	2	4	5	8	1	6
6	8	2	1	9	7	4	5	3
2	5	4	6	1	8	3	9	7
7	3	6	5	2	9	1	8	4
8	1	9	4	7	3	5	6	2

INSANE - 9 (Solution)

Insane

9	1	8	6	4	5	7	2	3
4	2	5	1	3	7	6	9	8
7	3	6	2	9	8	1	4	5
3	5	2	9	8	1	4	7	6
6	4	9	3	7	2	5	8	1
8	7	1	4	5	6	9	3	2
2	8	7	5	6	9	3	1	4
1	6	3	7	2	4	8	5	9
5	9	4	8	1	3	2	6	7

INSANE - 10 (Solution)

Insane

2	4	8	7	3	9	5	6	1
3	7	9	6	5	1	2	8	4
6	1	5	2	8	4	9	3	7
4	9	1	3	7	2	6	5	8
7	3	6	5	9	8	4	1	2
5	8	2	1	4	6	7	9	3
9	5	4	8	2	3	1	7	6
8	6	7	4	1	5	3	2	9
1	2	3	9	6	7	8	4	5

INSANE - 11 (Solution)

Insane

3	2	4	1	8	6	5	9	7
1	8	7	9	3	5	4	6	2
5	9	6	2	4	7	1	3	8
9	4	1	5	2	3	8	7	6
7	6	2	8	1	4	9	5	3
8	3	5	7	6	9	2	1	4
2	1	9	6	7	8	3	4	5
6	5	3	4	9	2	7	8	1
4	7	8	3	5	1	6	2	9

INSANE - 12 (Solution)

Insane

1	7	3	2	6	4	8	9	5
9	5	2	1	3	8	7	6	4
6	8	4	5	9	7	1	2	3
8	4	1	3	2	6	9	5	7
3	6	7	9	8	5	2	4	1
2	9	5	7	4	1	3	8	6
5	1	9	4	7	2	6	3	8
7	3	8	6	5	9	4	1	2
4	2	6	8	1	3	5	7	9

www.ingramcontent.com/pod-product-compliance
Lightning Source LLC
Chambersburg PA
CBHW070601220526
45467CB00003B/1264